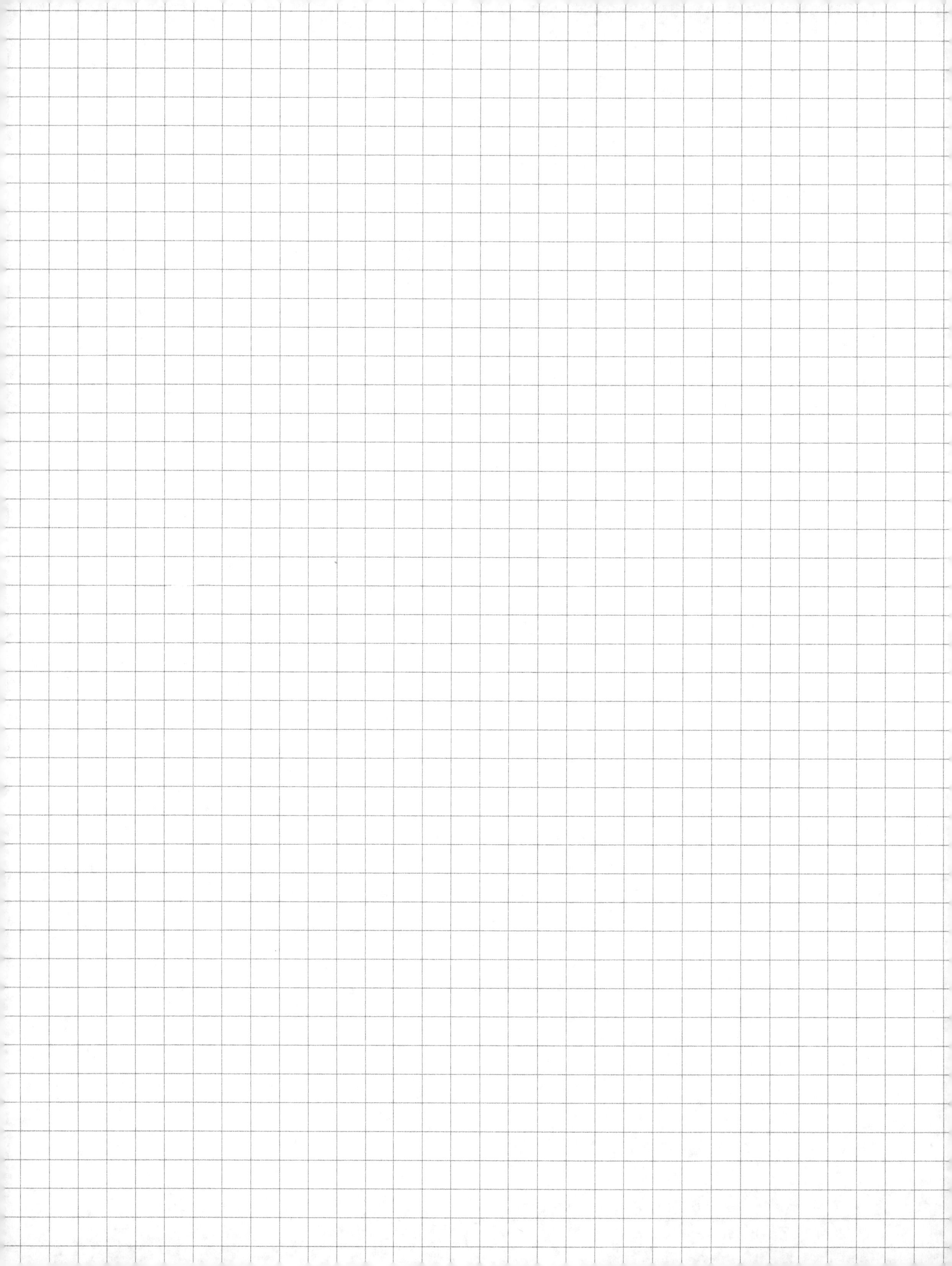

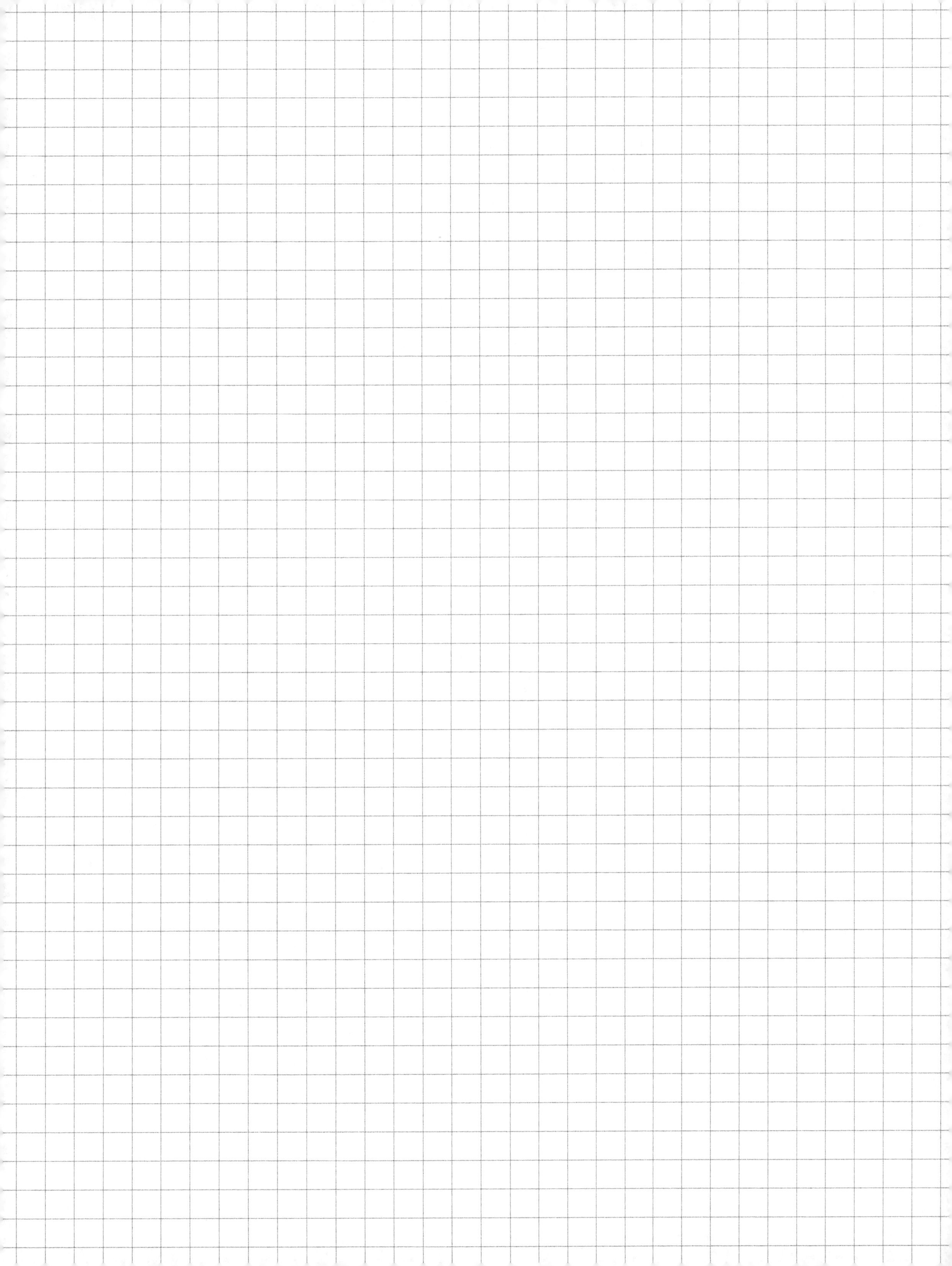

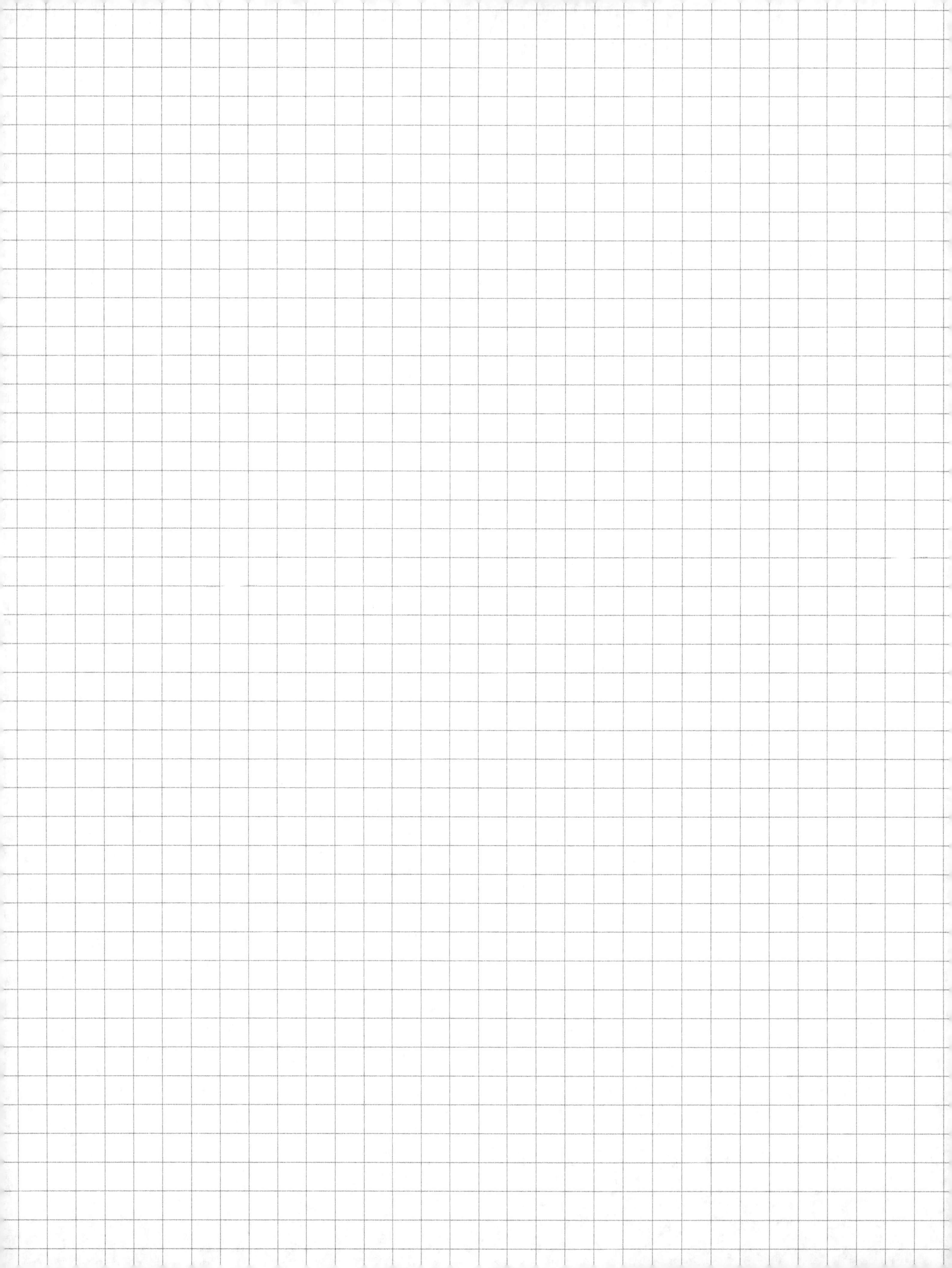

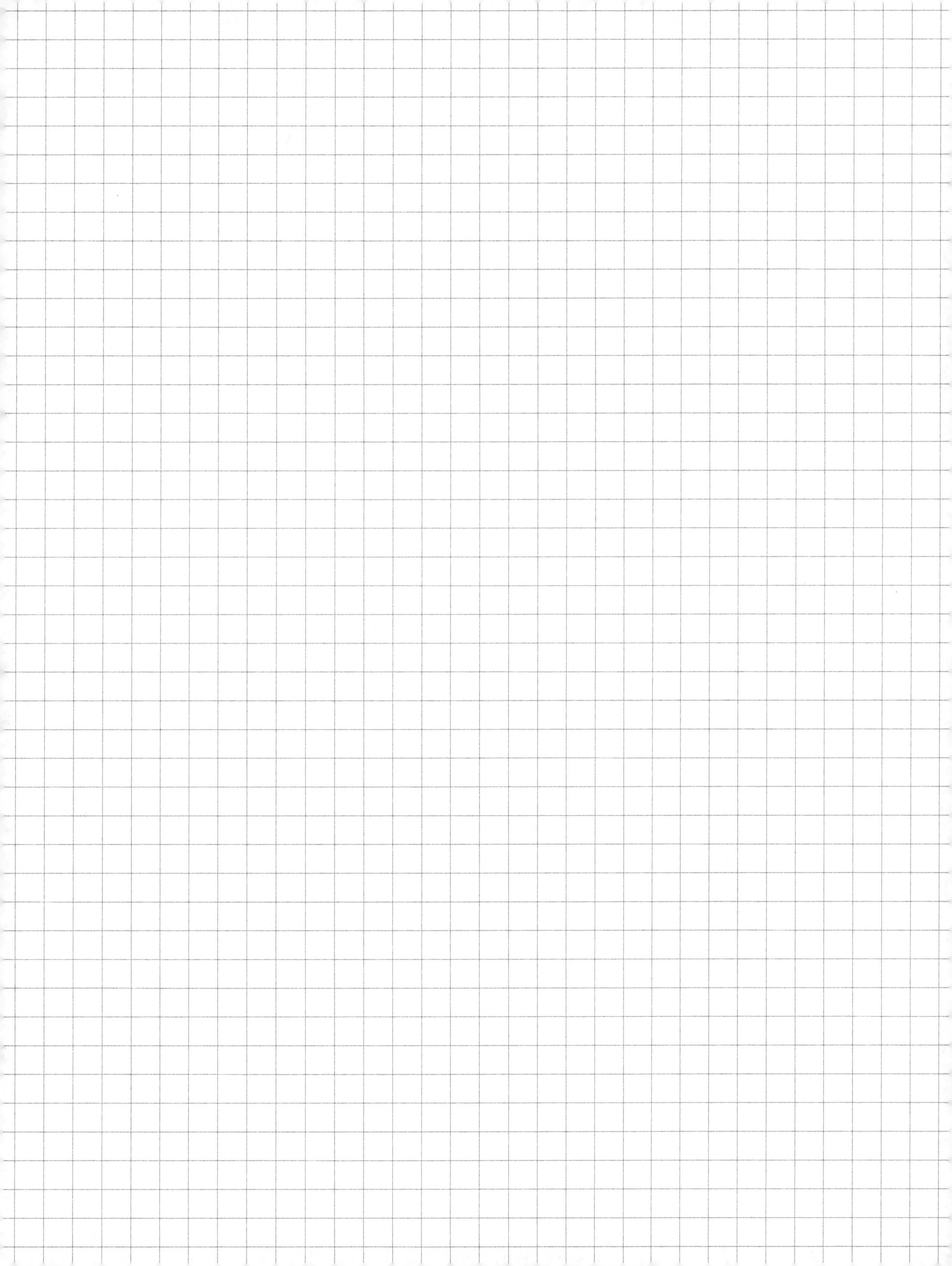

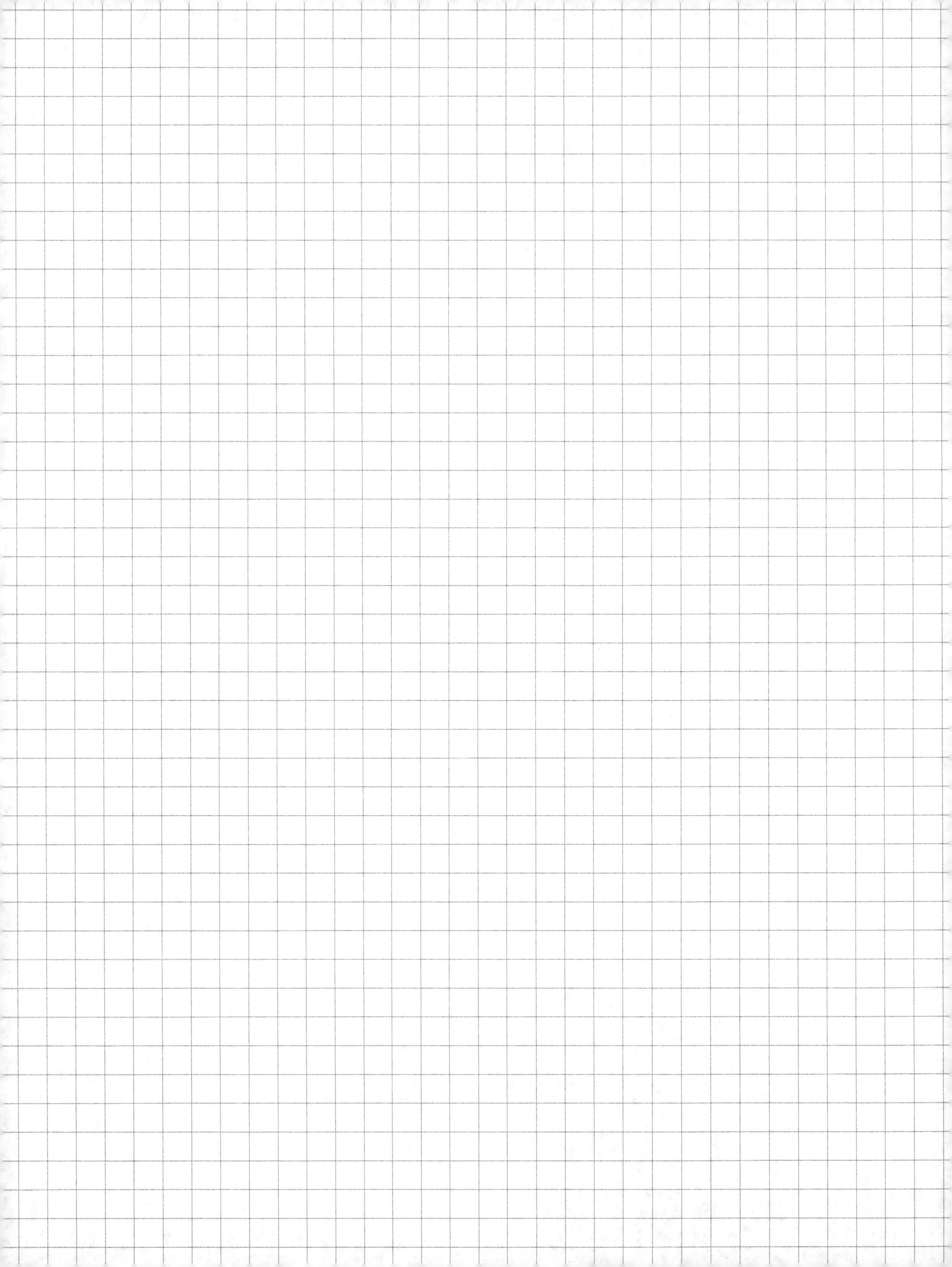

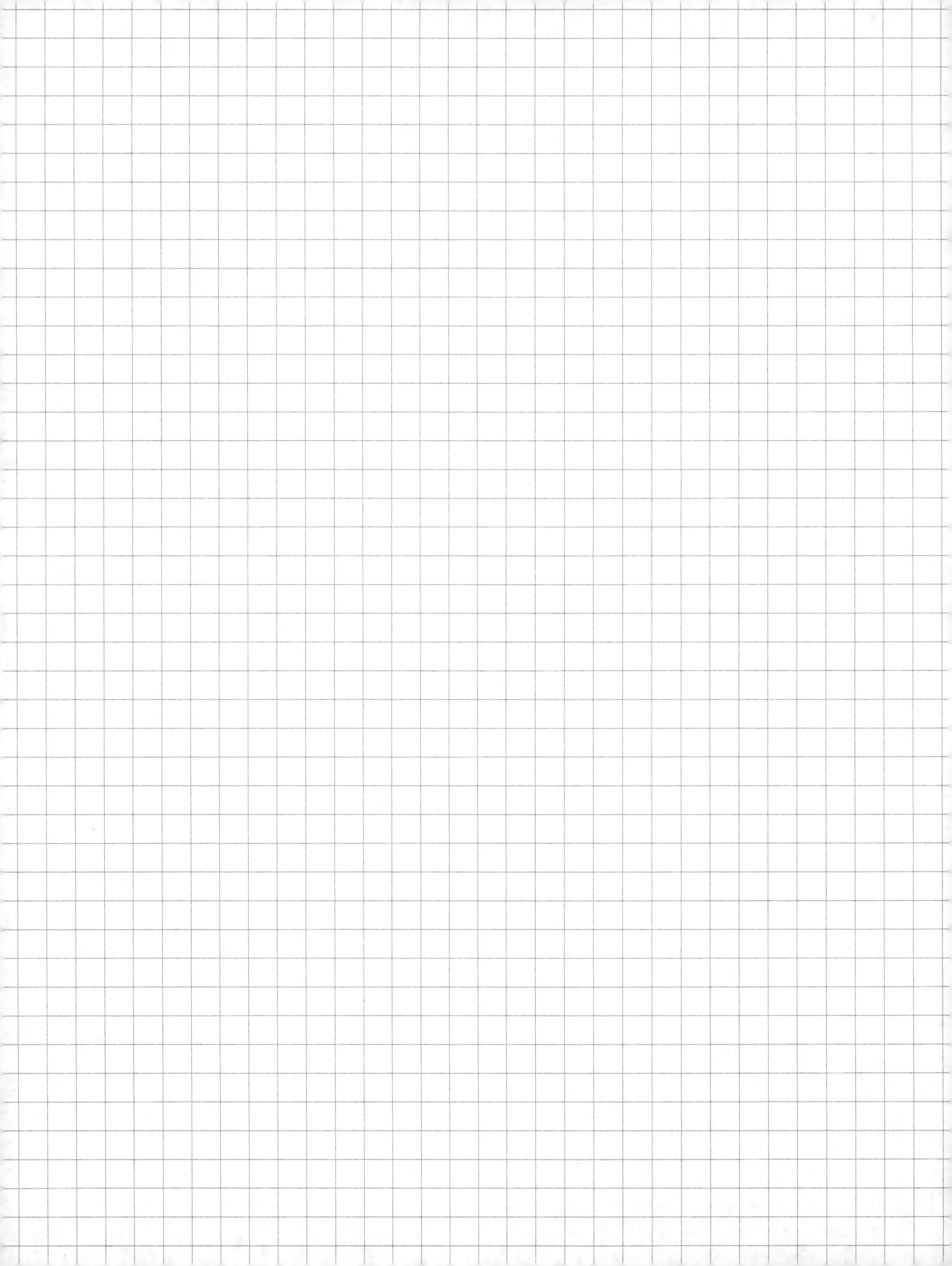

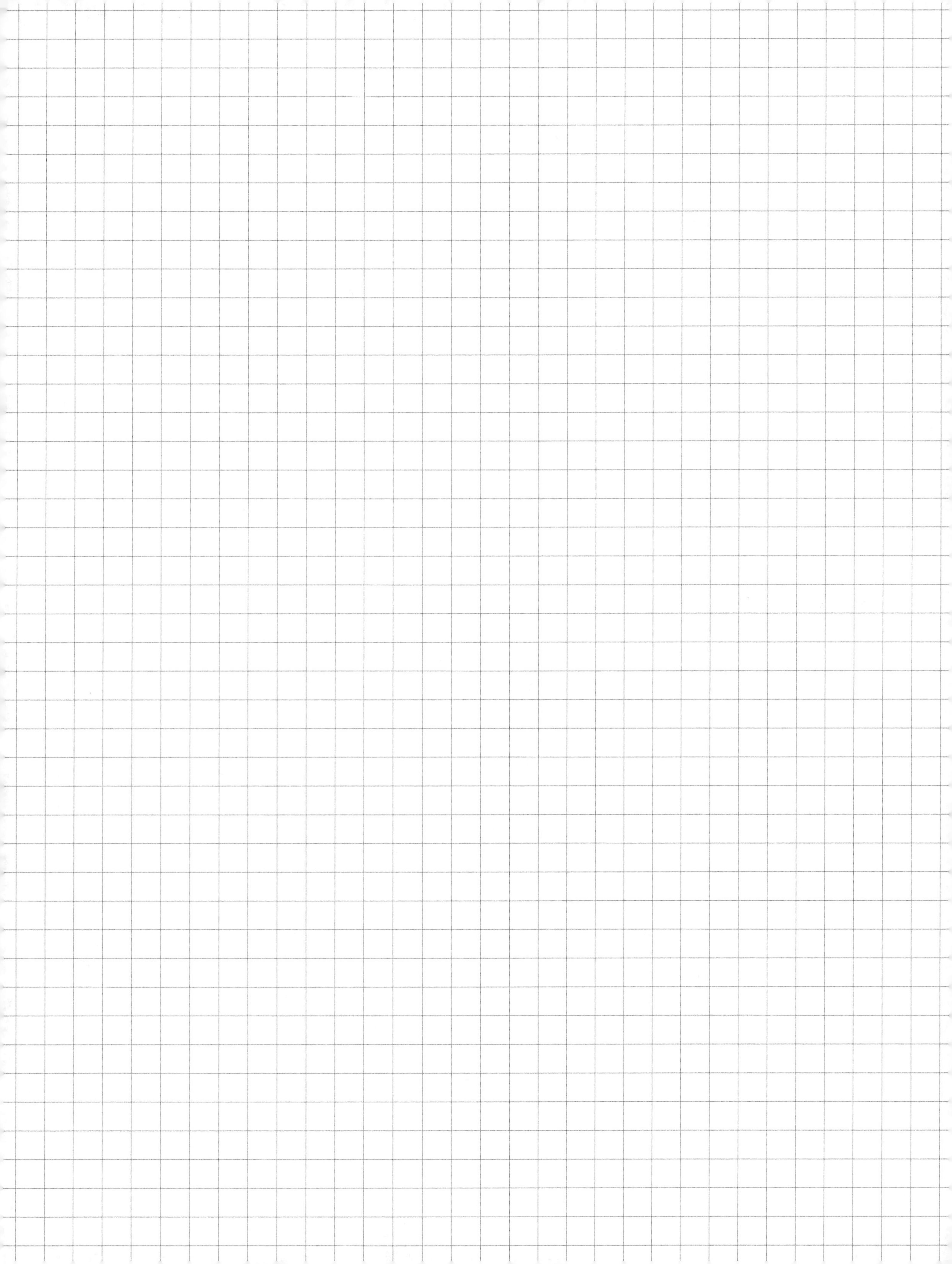

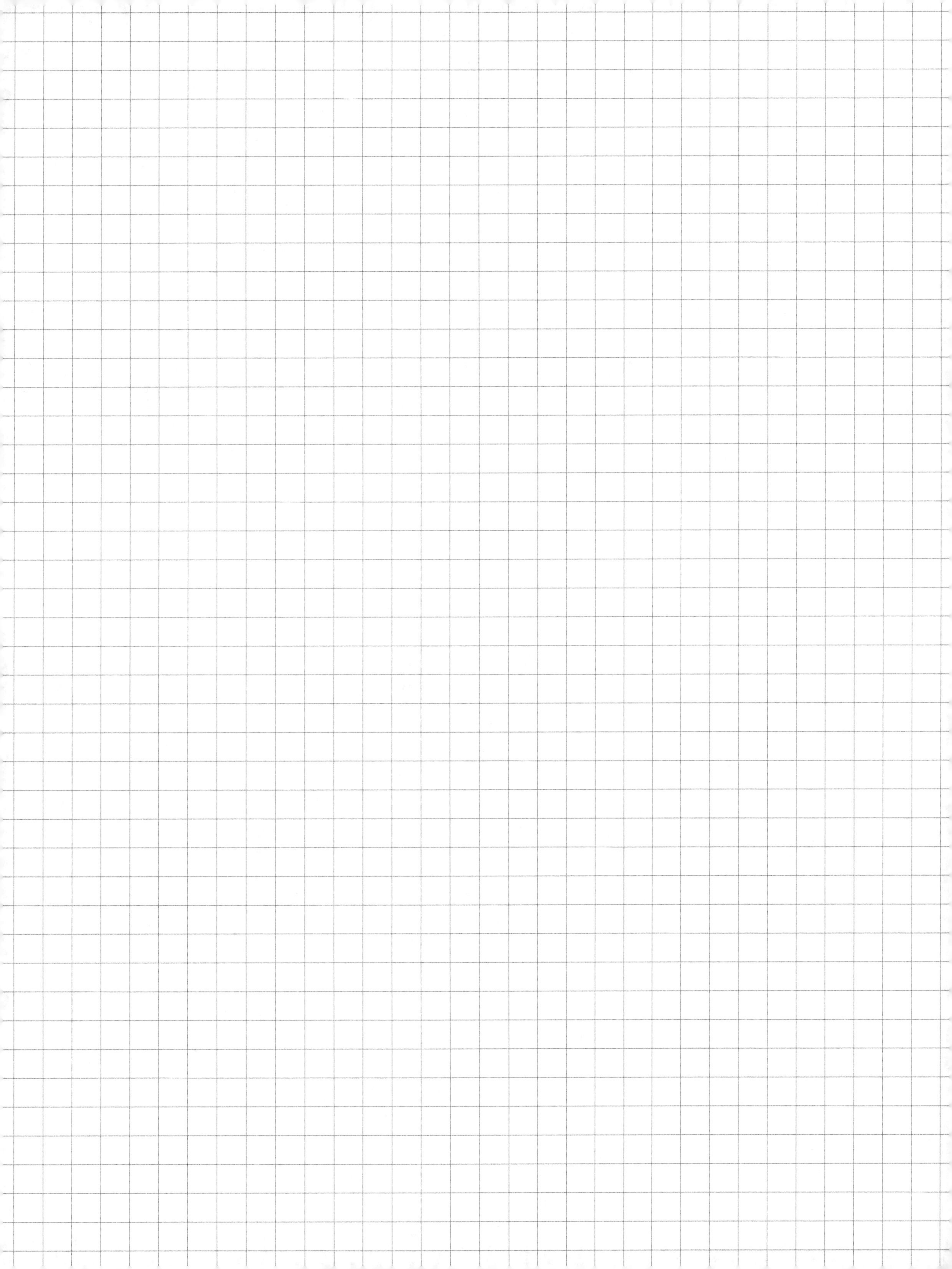

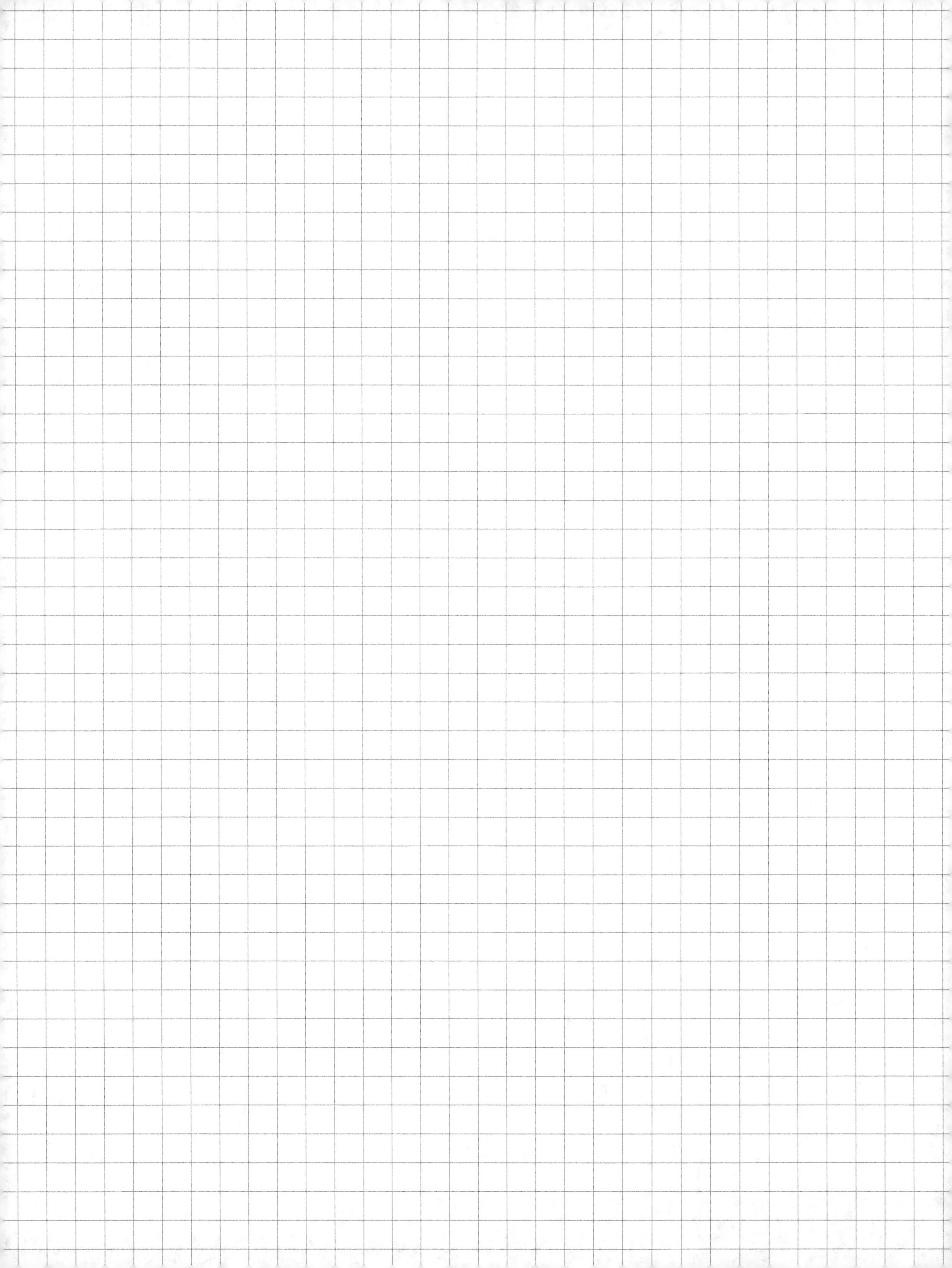

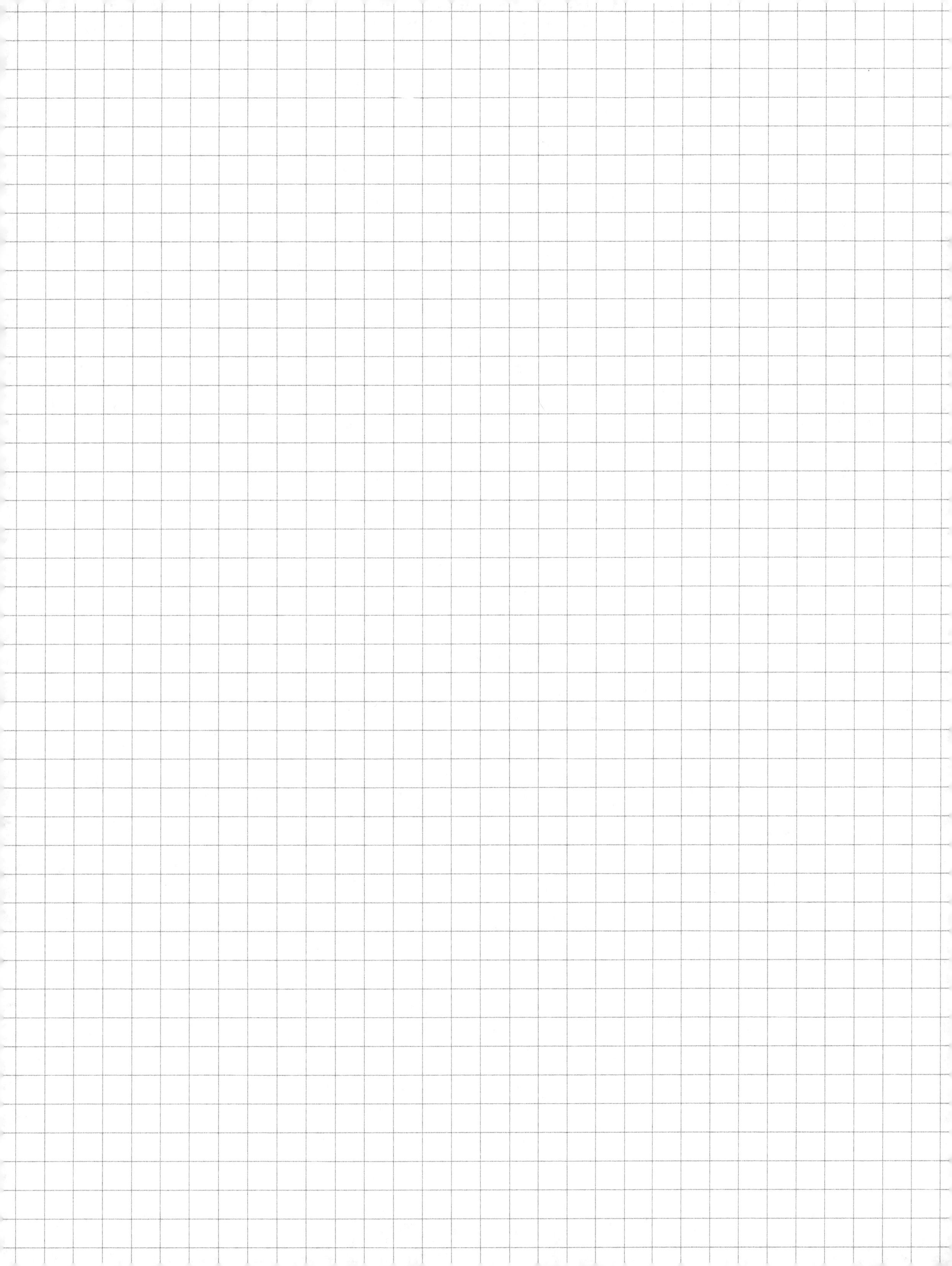

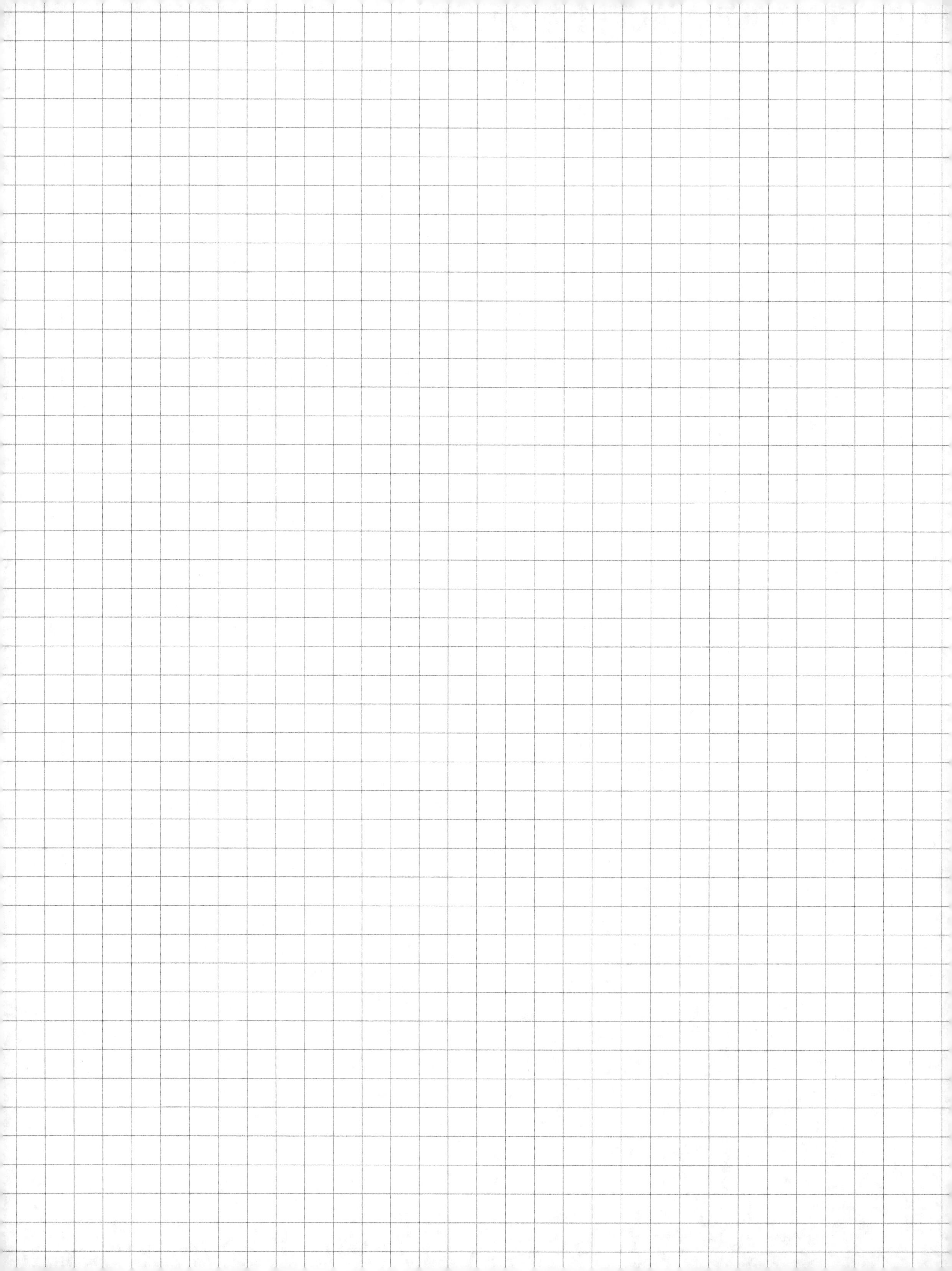

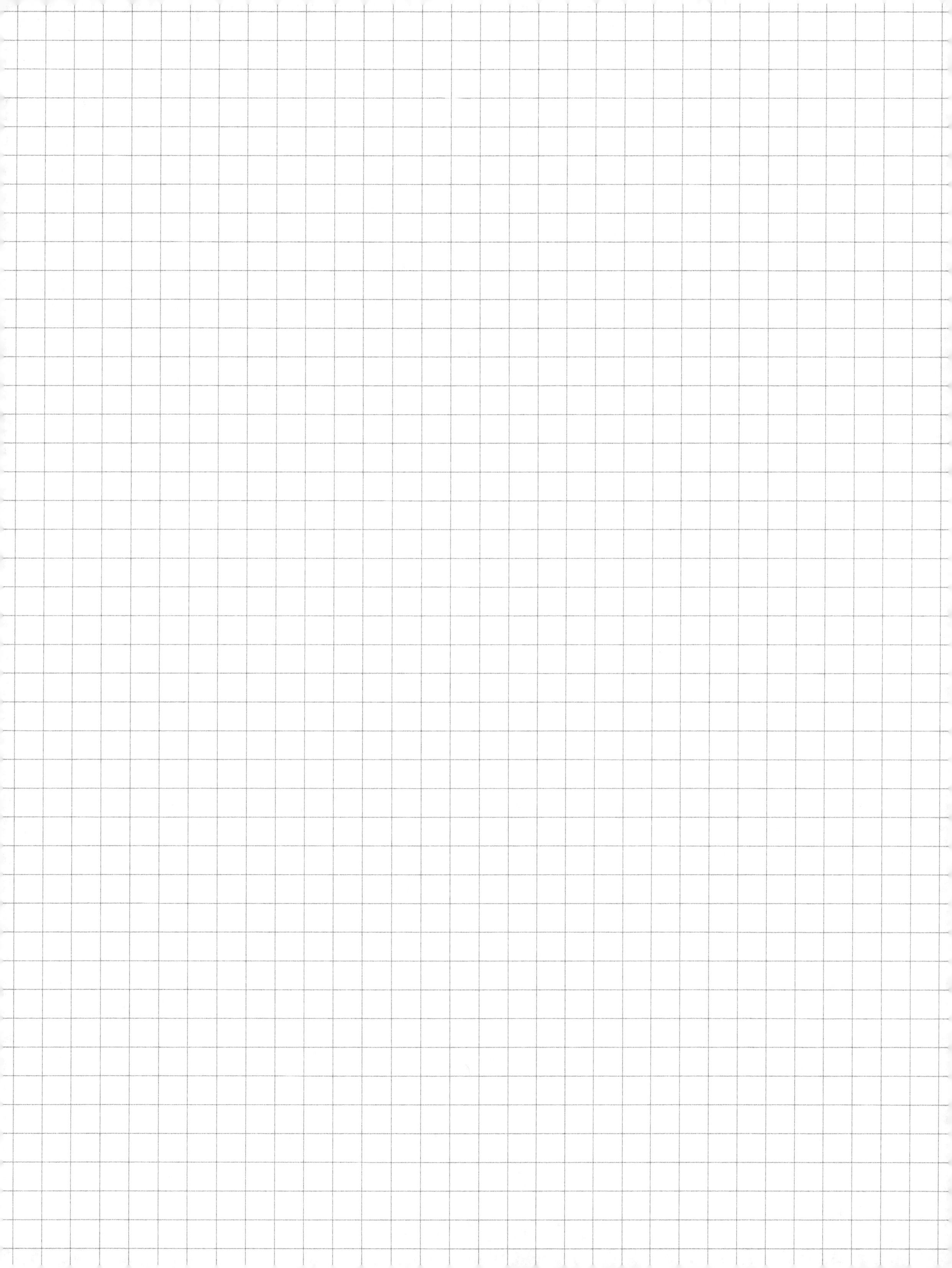

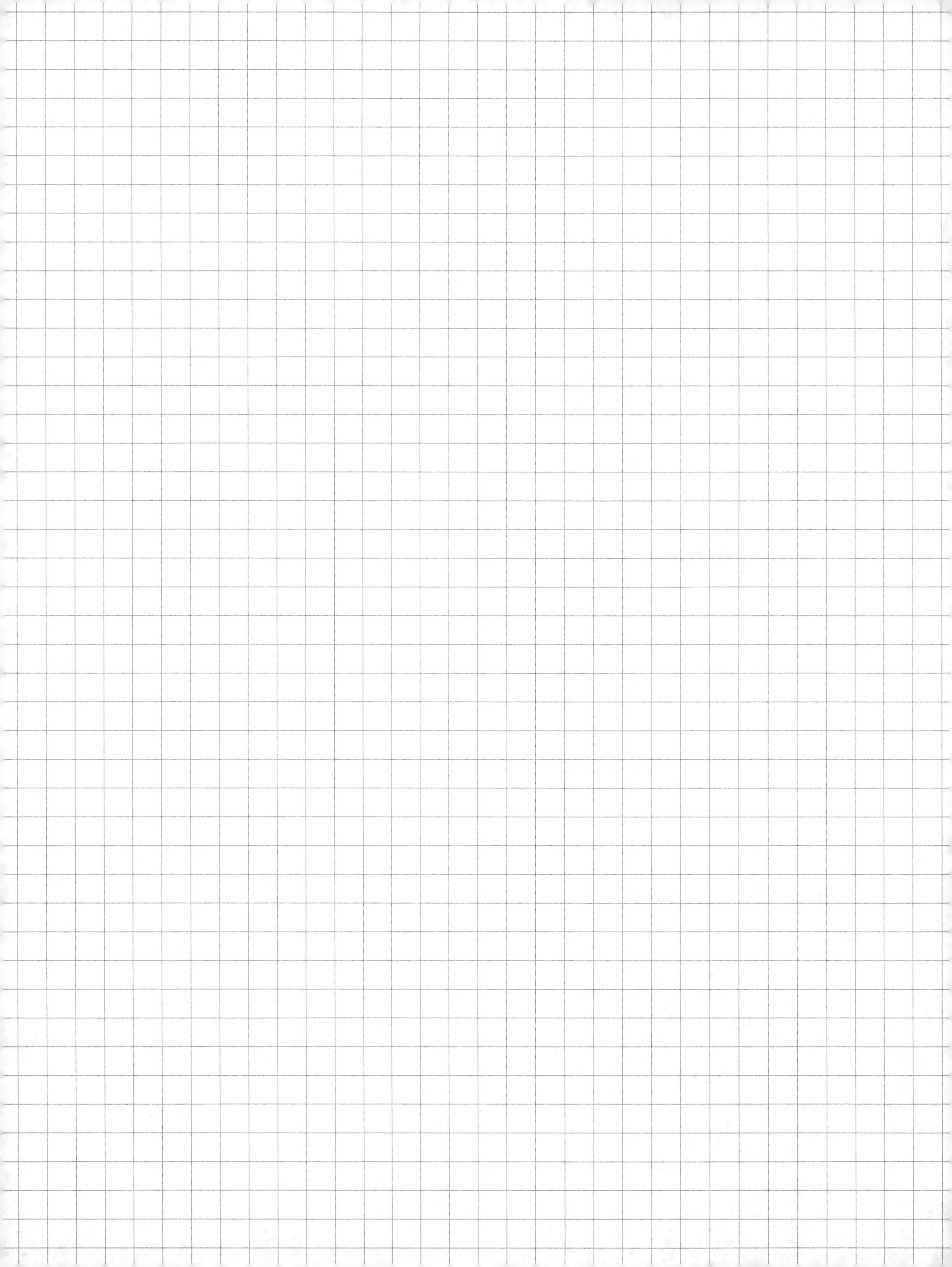

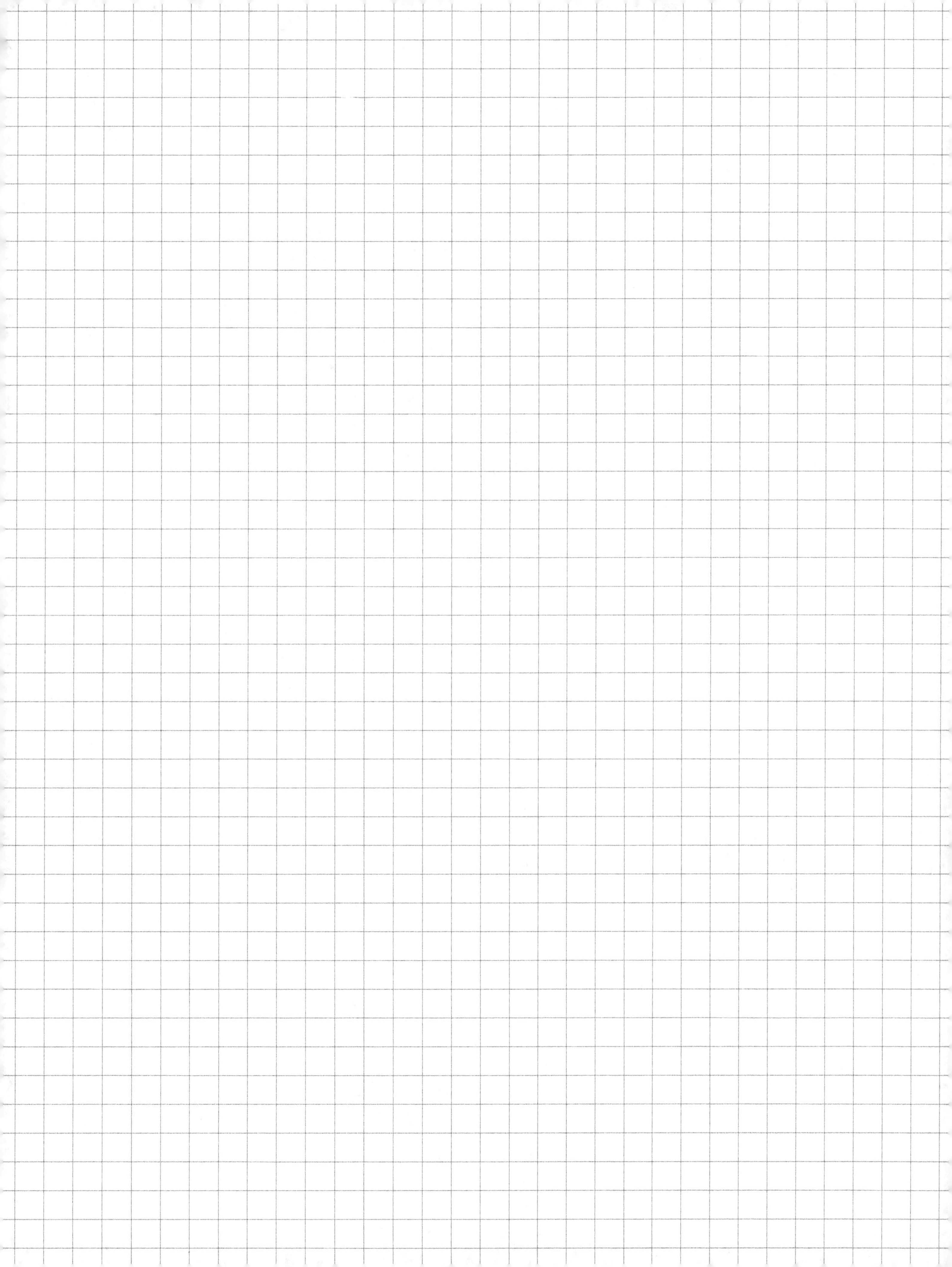

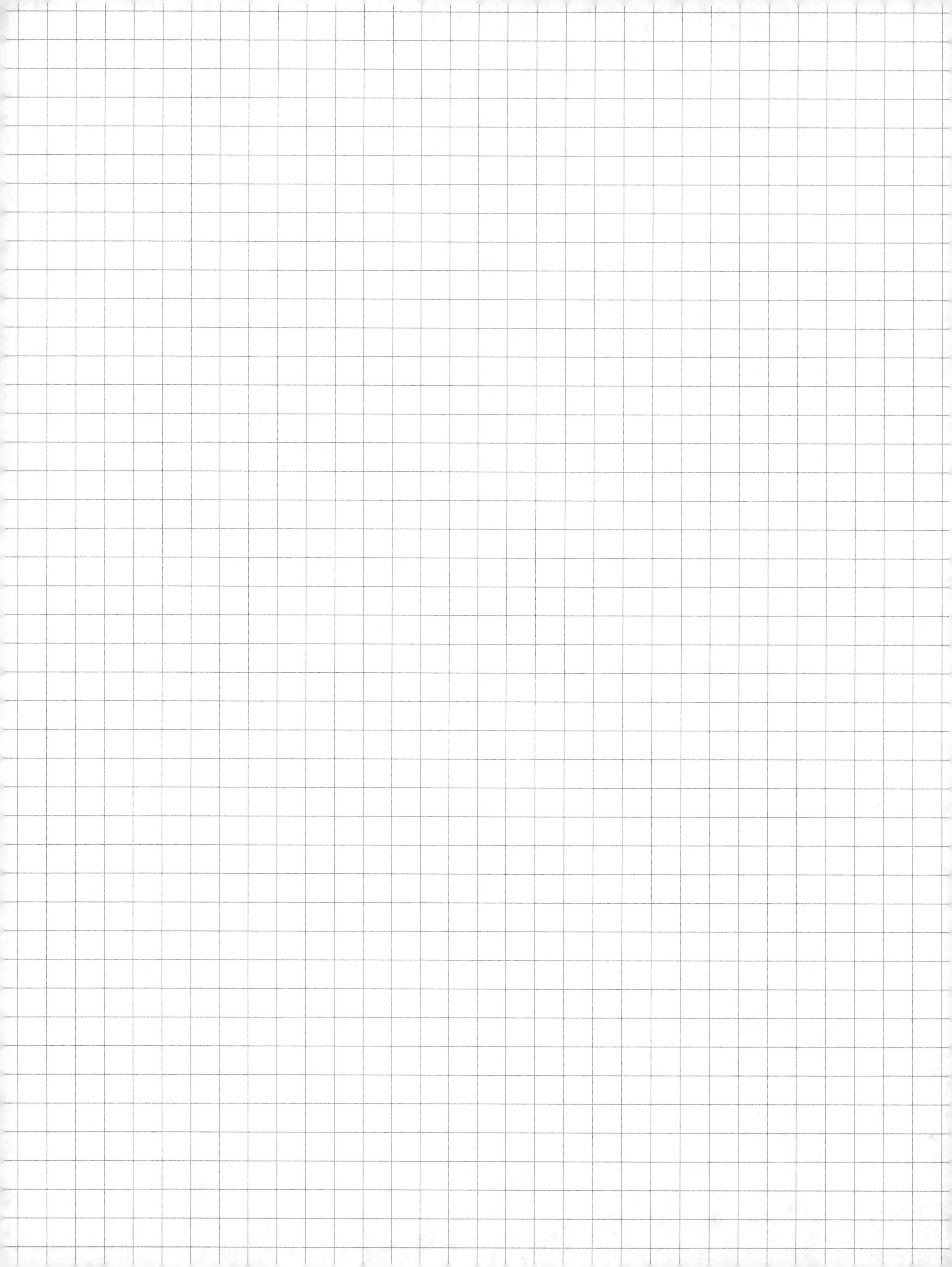

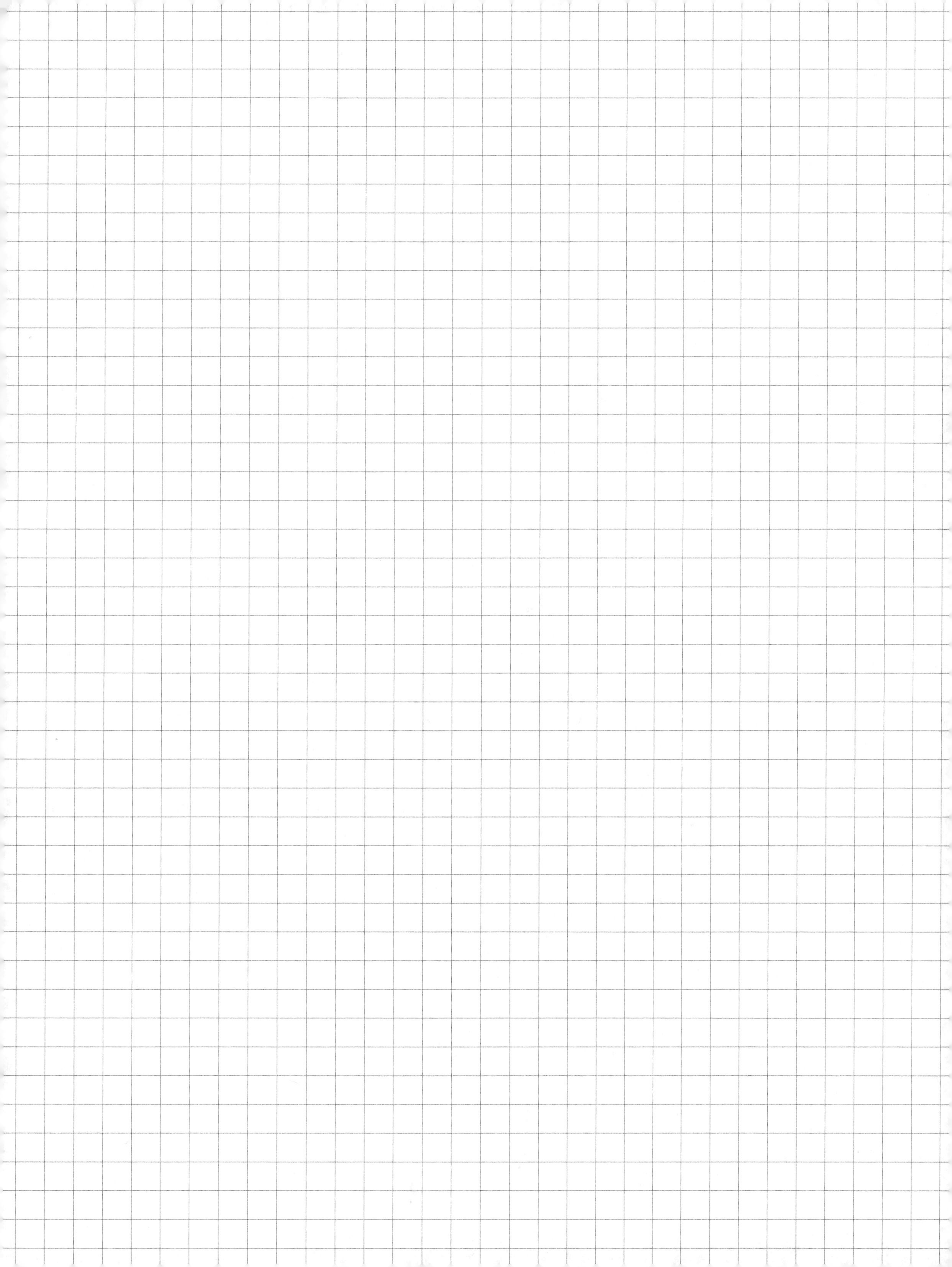

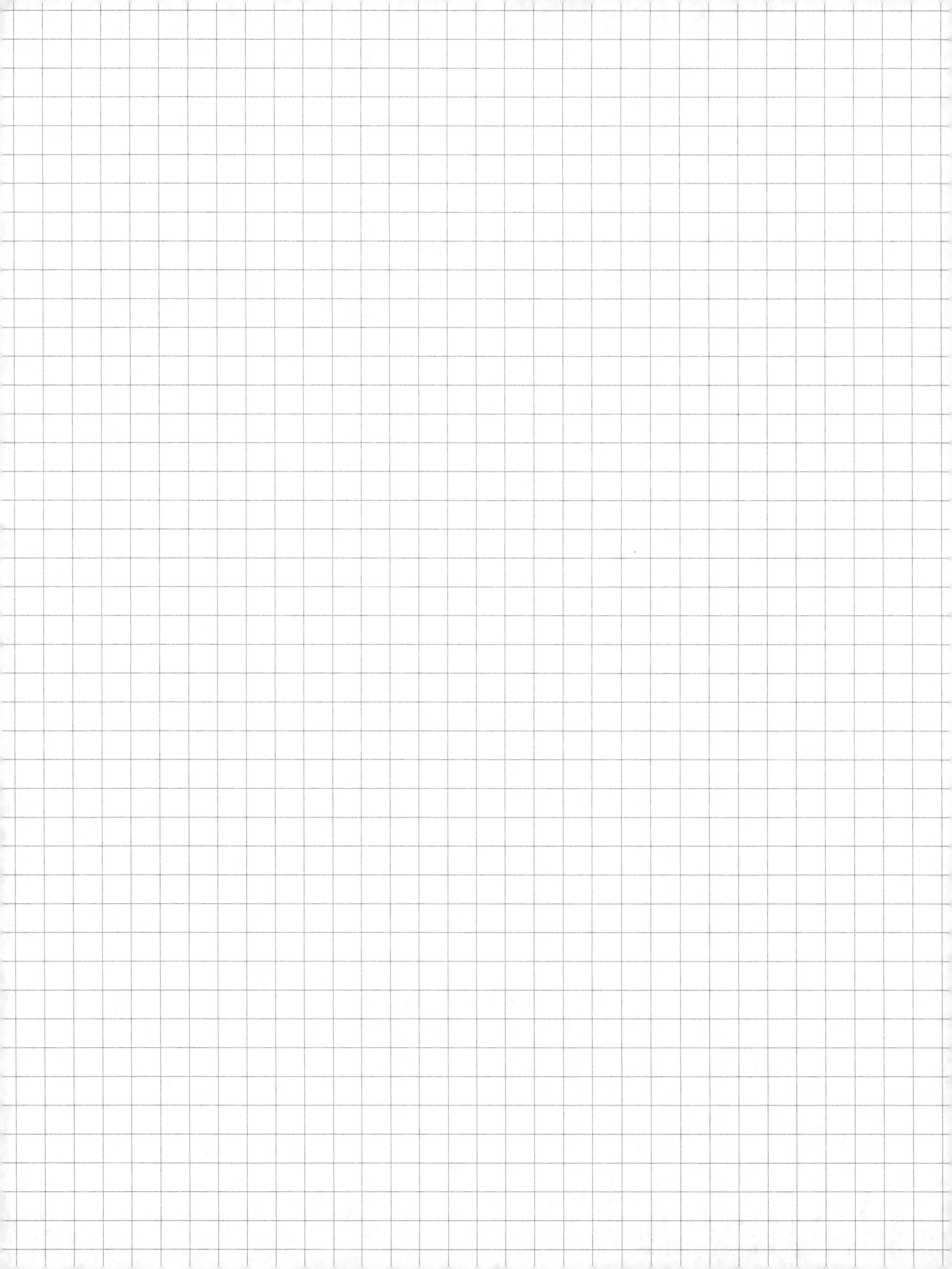

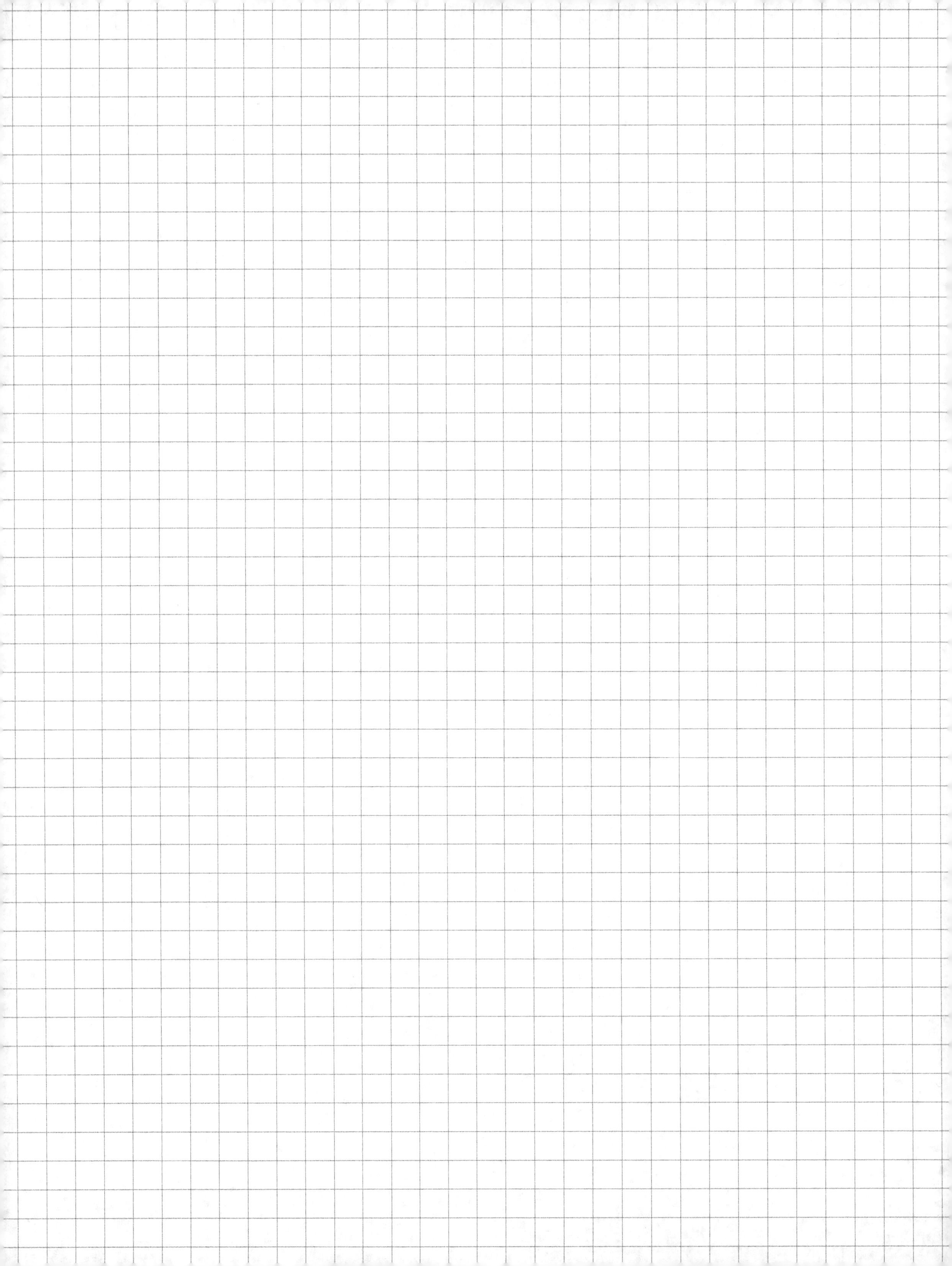